SITZUNGSBERICHTE DER SÄCHSISCHEN AKADEMIE DER WISSENSCHAFTEN ZU LEIPZIG

BAND 107

MATHEMATISCH-NATURWISSENSCHAFTLICHE KLASSE

AKADEMIE-VERLAG · BERLIN
1965–1967

Lizenznummer: 202 · 100/474/67
Satz und Druck: IV/2/14 VEB Werkdruck, 445 Gräfenhainichen · 417/10

INHALT

SITZUNGSBERICHTE DER SÄCHSISCHEN AKADEMIE
DER WISSENSCHAFTEN ZU LEIPZIG

Mathematisch-naturwissenschaftliche Klasse
Band 107 · Heft 1

OTT-HEINRICH KELLER

DIE HOMOLOGIEGRUPPEN DER FLÄCHEN 3. ORDNUNG

AKADEMIE-VERLAG · BERLIN
1965

Vorgetragen in der Sitzung vom 17. Februar 1964
Manuskript eingeliefert am 26. April 1965
Druckfertig erklärt am 3. August 1965

Erschienen im Akademie-Verlag GmbH, 108 Berlin, Leipziger Straße 3—4

Lizenznummer: 202 · 100/511/65
Gesamtherstellung: VEB Druckhaus „Maxim Gorki", 74 Altenburg
Bestellnummer: 2027/107/1 · ES 19 B 2 · Preis: MDN 2,30

Man weiß vieles über die Homologiegruppen allgemeiner algebraischer Varietäten beliebiger Dimension, besonders über solche ohne Singularitäten. Man weiß aber noch lange nicht alles über spezielle Flächen, was man wissen könnte. So soll der Gegenstand der vorliegenden Arbeit die Topologie der Flächen 3. Ordnung im komplexen projektiven Raum sein.

Es werden zunächst Flächen ohne Singularität behandelt. Diese werden erst zu Flächen mit einem konischen Doppelpunkt (Typ C_2) und dann weiter zu den übrigen 19 Typen von Flächen mit Singularitäten in einzelnen Punkten spezialisiert. Die Regelfläche mit einer ganzen singulären Geraden betrachten wir nicht. Es wird in jedem Fall eine Basis für die zweidimensionale Homologiegruppe angegeben und die Schnittzahlen der Basiselemente untereinander berechnet. Es darf dabei nicht überraschen, daß die Schnittzahlen von Basisgeraden mit sich selbst negativ sein können und daß die Schnittzahlen von Geraden, die sich in einem Doppelpunkt schneiden, gebrochene Werte annehmen können.

Bezeichnungen. Die Schnittzahl zweier Kurven a und b sei (a, b). Die Verbindungsebene zweier sich schneidender Geraden a und b sei $(a \cup b)$.

§ 1. Flächen ohne Singularitäten

Im Sinne der projektiven Geometrie sind die Flächen dritter Ordnung besonders im letzten Jahrhundert vielfältig untersucht worden. Wir brauchen davon vor allem zwei Ergebnisse.

1. Auf einer singularitätenfreien Fläche F_3 des projektiven Raumes gibt es genau 27 gerade Linien. Aus ihnen kann man in verschiedener Weise 2 Sätze von je 6 Geraden $a_1, \ldots, a_6$; $b_1, \ldots, b_6$ (SCHLÄFLIsche *Doppelsechsen*) herausgreifen und durch 15 solche Geraden c_{ik} ($i \neq k$, $i, k = 1, \ldots, 6$, $c_{ik} = c_{ki}$) ergänzen, daß ihre Schnittzahlen aus der folgenden Tabelle zu entnehmen sind (siehe Tabelle S. 4).

2. Die schräge Projektion: Man markiere zwei windschiefe Geraden, etwa b_1 und b_2. Sie schneiden beide die Gerade c_{12}. Durch c_{12} lege man eine Ebene E.

	a_k	b_i	b_k	c_{ik}	c_{mn}
a_i	0	0	1	1	0
b_i			0	1	0
c_{il}				0	1

(1)

(i, k, l, m, n verschiedene Zahlen aus der Reihe $1, \ldots, 6$).

Durch jeden Punkt P des Raumes gibt es im allgemeinen genau eine Gerade, die b_1 und b_2 trifft; sie schneide E in P'. Umgekehrt gibt es zu jedem Punkt $P' \in E$ im allgemeinen genau eine Gerade, die b_1 und b_2 trifft. Sie schneidet F_3 in 3 Punkten, von denen einer auf b_1, einer auf b_2 liegt; der dritte Punkt sei P. Die Punkte, und damit die Figuren D auf F_3, sind damit den Figuren D' auf E im allgemeinen eineindeutig zugeordnet.

Wir müssen uns nun noch die Ausnahmen ansehen: Die Geraden a_3, a_4, a_5, a_6 treffen b_1 und b_2, liegen ganz in der Fläche und werden je auf einen einzigen Punkt A_3, A_4, A_5, A_6 abgebildet. Die Gerade c_{12} liegt außerdem ganz in E. Es wird jeder ihrer Punkte auf jeden ihrer Punkte abgebildet; hier ist also die Abbildung in beiden Richtungen unendlich vieldeutig. Weiter sind die Schnittpunkte A_1 und A_2 von b_1 und b_2 mit E zu beachten. Durch sie ist nämlich die Treffgerade mit b_1 und b_2 nicht eindeutig bestimmt. Zeichnen wir uns die Ebene durch b_1 und c_{12} einmal heraus. Sie schneidet F_3 in einer Kurve 3. Ordnung, von der wir die beiden Geraden b_1 und c_{12} schon als Bestandteile kennen. Also muß sie in 3 Geraden zerfallen; die 3. Gerade kann nur a_2 unserer Tabelle sein. a_2 geht nicht durch A_2; sie wird ganz auf A_2 abgebildet.

Dies gibt uns die Mittel an die Hand, die Homologiebasis der F_3 zu bestimmen. Im Komplexen ist F_3 vierdimensional, jede algebraische Kurve darauf zweidimensional. Homologiegruppen gibt es in den Dimensionen 0, 1, 2, 3, 4. Die nullte Homologiegruppe wird repräsentiert durch die Vielfachen eines beliebigen Punktes P, denn jedes Punktsystem läßt sich mit P durch gewisse Linien verbinden und begrenzt mit P diese Linien. Die vierte Homologiegruppe besteht aus den Vielfachen der ganzen Fläche. Die erste und dritte Homologiegruppe bestehen nur aus der Null, wie man leicht zeigen kann und wie auch aus allgemeinen Sätzen folgt. Interessant ist eigentlich nur die zweite Homologiegruppe. Es sei nun Γ^2 ein Zyklus auf der $F_3^4 \cdot \Gamma^2$ kann eine algebraische Kurve im Komplexen sein, braucht es aber nicht. $\bar{\Gamma}^2$ sei ihr Bild bei der schrägen Projektion; $\bar{\Gamma}^2$ ist wieder ein Zyklus. Nach einem Ergebnis von v. D. WAERDEN [4] ist in der Ebene $E: \bar{\Gamma}^2 \sim \gamma c_{12}$ mit einer ganzen Zahl γ. Das heißt, es gibt in E eine Mannigfaltigkeit $\bar{\Gamma}^3$, der von $\bar{\Gamma}^2 - \gamma c_{12}$ berandet wird. Also gehören Γ^2 und γc_{12} auch zum Rande des Urbildes Γ^3 auf F^3. Geht $\bar{\Gamma}^2$ durch den einen oder den anderen der Punkte A_i mit einer gewissen Vielfachheit α_i, so wird Γ^3 außerdem noch die entsprechenden (zweidimensionalen) Geraden a_i mit den Vielfachheiten α_i auf dem Rande haben. Andere Randstücke kommen nicht in Betracht.

Der Rand von Γ^3 ist also

$$\Gamma^2 - \gamma c_{12} - \sum_1^6 \alpha_i a_i,$$

und es ist

$$\Gamma^2 \sim \gamma c_{12} + \sum_1^6 \alpha_i a_i.$$

Die Geraden $a_1, \ldots, a_6$ und c_{12} bilden also eine Basis der Homologiegruppe. Jede andere geschlossene Fläche ist einer Linearkombination von ihnen homolog.

In derselben Weise beweist man, daß die erste und die dritte Homologiegruppe 0 ist.

Das Ergebnis ist noch etwas unsymmetrisch, weil hier c_{12} vor allem c_{ik} ausgezeichnet ist. Um eine symmetrische Basis zu konstruieren, beachten wir, daß zwei Ebenen des komplexen R_3 immer homolog sind — die vierte Homologiegruppe des R_3 ist einfach zyklisch und wird von einer Ebene erzeugt. Eine Fläche 3. Ordnung F_3 ist nun ein 4-Zyklus, und deshalb sind auch die Schnitte zweier Ebenen mit der F_3 auf der F_3 einander homolog. Ihre Homologieklasse heiße e.

Nun liegen b_2, a_1, c_{12} und b_2, a_3, c_{23} je in einer Ebene. Es wird also

$$b_2 + a_1 + c_{12} \sim b_2 + a_3 + c_{23}$$

und dann auch

$$a_1 + c_{12} + a_2 \sim a_3 + c_{23} + a_2.$$

Der Zyklus $d \sim a_i + c_{ik} + a_k$ ist demnach für alle Indexpaare i, k bis auf Homologie derselbe.

Einfache Rechnungen liefern nun in Ergänzung unserer Schnittzahltabelle

	a_i	d
a_i	-1	0
d	0	1

(2)

Die Schnittzahl $(a_i, a_i) = -1$ hat in sich selbst keinen geometrischen Sinn, denn eine Gerade kann man nicht gut mit sich selbst schneiden. Deshalb brauchen wir uns auch über ihren negativen Wert nicht zu wundern; wirkliche Schnittpunkte verschiedener Kurven haben natürlich immer eine positive Vielfachheit.

Ist also

$$C \sim \sum_{i=1}^6 \alpha_i a_i + \delta d; \quad C' \sim \sum_{i=1}^6 \alpha'_i a_i + \delta' d$$

mit ganzzahligen α_i, α'_i, δ, δ', so ist

$$(C, C') = -\sum_{i=1}^{6} \alpha_i \alpha'_i + \delta \delta'.$$

Das System $a_1, \ldots, a_6, d$ ist jetzt in sich symmetrisch; es ist insofern so etwas wie orthogonal, als verschiedene Elemente miteinander immer die Schnittzahl Null haben. Daraus folgt dann leicht ihre lineare Unabhängigkeit, daß es also als Basis unverkürzbar ist.

Eine einfache Rechnung ergibt noch

$$c_{ik} \sim d - a_i - a_k, \tag{3}$$

$$b_i \sim a_i + \left(-\sum_{j=1}^{6} a_j + 2d\right). \tag{4}$$

Wir setzen für später

$$r_1 \sim \sum_{j=1}^{6} a_j + 2d. \tag{5}$$

Die Basis der zweiten Homologiegruppe hat also 7 Elemente. Das erscheint unglaubhaft, weil die Zahl 7 arithmetisch weder etwas mit der Ordnung 3 noch mit der Dimension 2 bzw. 4 der Fläche zu tun hat. Nehmen wir aber die Erzeugenden der Homologiegruppen der übrigen Dimensionen dazu, so erhalten wir $9 = 3^2$, und das klingt denn auch glaubhafter.

§ 2. Das Zusammenfallen von Basisgeraden

a) Die Spezialisierung der allgemeinen Fläche zu einer solchen mit Singularitäten spiegelt sich darin wieder, daß einige der 27 Geraden zusammenfallen. Welche Geraden dann außerdem zusammenfallen müssen, können wir in jedem Fall daraus ablesen, daß a_i, b_k und c_{ik} für jedes Indexpaar i, k, sowie c_{hi}, c_{jk}, c_{lm} für jede Permution $(h\,i\,j\,k\,l\,m)$ der 6 Ziffern $1, \ldots, 6$ in einer Ebene liegen. Fallen a_i und a_k zusammen, so auch c_{il} und c_{kl} für jedes $l \neq i, \neq k$; denn dann fallen die Ebenen (a_i, b_l, c_{il}) und (a_k, b_l, c_{kl}) zusammen.

b) Das Zusammenfallen spiegelt sich weiter darin, daß die Homologiegruppe homomorph auf eine Faktorgruppe abgebildet wird. Der Kern dieses Homomorphismus wird erzeugt von einer Reihe von Relationen $r_i = \sum_{j=1}^{6} \varrho_{ij} a_j + \sigma_i d$ $(i = 1, \ldots, k)$. Jedem Zyklus a entspricht eine Restklasse $\bar{a}$ von Zyklen. Wir suchen nun in der Restklasse $\bar{a}$ denjenigen Repräsentanten $a' = a + \sum_{i=1}^{k} \lambda_i r_i$, der mit allen Relationen die Schnittzahl 0 hat. Es soll werden

$$(a', r_j) = (a, r_j) + \sum_{i=1}^{k} \lambda_i (r_i, r_j) = 0 \quad (j = 1, \ldots, k). \tag{6}$$

a' heiße der *Hauptrepräsentant* der Restklasse $\bar{a}$. Dieser Hauptrepräsentant ist dann auch das Symbol für den Zyklus, in die a bei der Spezialisierung übergeht. Denn jede Relation geht in 0 über, und ein wirklicher Zyklus muß mit dem 0-Zyklus die Schnittzahl 0 haben.

Für die k-Parameter λ_i des Hauptrepräsentanten haben wir in (6) ein System von k linearen inhomogenen Gleichungen. Es wird sich zeigen, daß wir Glück haben: Die Determinante $\|(r_i, r_j)\|$ ist in allen Fällen, die wir betrachten werden, von 0 verschieden. Das bedeutet, daß der Hauptrepräsentant immer existiert und eindeutig bestimmt ist.

Zur Berechnung der Schnittzahl zweier Zyklen $a_1' = a_1 + \sum_{i=1}^{k} \lambda_i r_i$ und $a_2' = a_2 + \sum_{j=1}^{k} \mu_j r_j$ setzen wir in $(a_1', a_2') = (a_1, a_2) + \sum_{j=1}^{k} \mu_j (a_1, r_j) + \sum_{i=1}^{k} \lambda_i (a_2, r_i) + \sum_{i,j=1}^{k} \lambda_i \mu_j (r_i, r_j)$ die Werte aus den Tabellen (1) und (2) ein.

c) Hilfssatz 1. *Zwei Geraden g und h, die in einer Ebene E liegen, mögen bei einer Spezialisierung zu einer Geraden g' zusammenfallen. Dann berührt E die Fläche längs g' und kann sie nur noch in einer weiteren Geraden schneiden. Auf g' liegt mindestens ein Doppelpunkt der Fläche.*

Jede andere Ebene durch g' schneidet F_3 außer in g' noch in einem Kegelschnitt K. In den Schnittpunkten von K mit g' ist die Tangentialebene nicht definiert; daher sind sie Doppelpunkte der Fläche.

Fallen bei einer Spezialisierung drei Geraden g, h, i einer Ebene E zu einer Geraden g' zusammen, so berührt E die Fläche längs g' doppelt und schneidet sie außerhalb g' nicht mehr.

Es mögen nun bei einer Spezialisierung zwei windschiefe Geraden zusammenfallen. Es gibt genau eine Doppelsechs, in der diese beiden Geraden zu verschiedenen Sextupeln gehören. Wir dürfen sie also o. B. d. A. mit a_1 und b_1 bezeichnen. Ihre Spezialisierung heiße a_1'. Diese Gerade wird dann von allen a_i und allen b_i $(i = 2, \ldots, 6)$ geschnitten. Die Geraden a_1', a_i, b_i, c_{1i} liegen dann je in einer Ebene E_i. Nun kann E_i die Fläche nur in 3 Geraden schneiden; daher müssen mindestens zwei von jenen Geraden zusammenfallen, und zwar nach Hilfssatz 1 zwei, die vor der Spezialisierung nicht in einer solchen Ebene gelegen haben, die zu E_i spezialisiert wird. Das trifft aber nur für a_i und b_i zu, und wir haben den

Hilfssatz 2. *Fallen a_1 und b_1 bei einer Spezialisierung zu a_1' zusammen, so auch a_i und b_i $(i = 2, \ldots, 6)$ zu a_i'.*

Diese 6 Geraden schneiden sich paarweise, denn a_i und b_j $(i \neq j)$ haben sich schon vor der Spezialisierung geschnitten.

Hilfssatz 3. *Fallen a_i und b_i bei einer Spezialisierung zusammen, so hat die spezialisierte Fläche mindestens einen Doppelpunkt.*

Sind nämlich die 6 Geraden a'_i alle verschieden, so können sie nicht in einer Ebene liegen. Da sie sich paarweise schneiden, gehören sie einem Geradenbündel an und gehen alle durch einen Punkt D. In D ist die Tangentialebene nicht definiert und D ist daher ein Doppelpunkt der Fläche.

Fallen aber zwei Geraden a'_i und a'_j zusammen, so werden die beiden sich schneidenden Geraden a_i und b_j in eine spezialisiert und gehen nach Hilfssatz 1 durch einen Doppelpunkt.

d) Von Hilfssatz 3 gilt die folgende Umkehrung: Wir betrachten die allgemeine Fläche 3. Ordnung F'_3, die in einem bestimmten Punkt D einen Doppelpunkt hat. Durch D gehen bekanntlich 6 Geraden der Fläche, von denen keine drei in einer Ebene liegen. Durch keine von ihnen geht eine Ebene, die F'_3 in allen ihren Punkten berührt. Wir fassen F'_3 als Spezialisierung der allgemeinen Fläche 3. Ordnung F_3 auf.

Hilfssatz 4. *Auf der F_3 gibt es eine solche Doppelsechs, daß sich jeder ihrer beiden Sextupel zu den 6 Geraden durch D spezialisiert.*

Die Geraden durch D seien $g'_1, \ldots, g'_6$. Wir betrachten die 5 Ebenen $(g'_6 \cup g'_i)$ $(i = 1, \ldots, 5)$. Sie enthalten je 3 Geraden von F'_3 und es gibt keine weitere Ebene durch g'_6, die F'_3 in 3 Geraden schneidet.

Es sei g_6 ein Urbild von g'_6. Durch g_6 gibt es ebenfalls 5 Ebenen, die F_3 in 3 Geraden schneiden. Jede Ebene $(g'_6 \cup g'_i)$ ist also die Spezialisierung einer Ebene, die die Fläche in 3 Geraden schneidet, darunter in Urbildern g_6 und g_i von g'_6 und g'_i. Es gibt also Urbilder g_i von g'_i, $(i = 1, \ldots, 5)$, die g_6 schneiden. Sie sind paarweise windschief, weil sie in verschiedenen Ebenen durch g_6 liegen und g_6 in verschiedenen Punkten schneiden.

Bekanntlich kann man 4 beliebige windschiefe Geraden der F_3 immer und eindeutig zu einem Sextupel einer Doppelsechs ergänzen. Wir bezeichnen g_1, g_2, g_3, g_4 mit a_1, a_2, a_3, a_4 und ergänzen sie durch a_5 und a_6 zu einem Sextupel einer Doppelsechs; das andere Sextupel dieser Doppelsechs sei $b_1, \ldots, b_6$. Die Spezialisierungen b'_i $(i = 1, \ldots, 6)$ schneiden mindestens 3 der Geraden $a'_1, \ldots, a'_4$ und gehen daher durch D. Sie sind verschieden; denn etwa die Ebenen $(a_1 \cup b_i)$ $(i = 2, \ldots, 6)$ bleiben auch bei der Spezialisierung verschieden und werden in irgendeiner Reihenfolge mit den Ebenen $(g'_1 \cup g'_i)$ identisch. Die Geraden $b'_2, \ldots, b'_6$ verteilen sich auf diese 5 Ebenen.

Eine von den b'_i muß also mit a'_1 zusammenfallen. Es ist $i = 1$, denn andernfalls würden sich a_1 und b_i schneiden, und die Spezialisierung ihrer Verbindungsebene $(a_1 \cup b_i)$ würde F'_3 längs a'_1 berühren, was nicht möglich ist. Es ist also $a'_1 = b'_1$. Nach Hilfssatz 2 ist dann auch $a'_i = b'_i$ $(i = 1, \ldots, 6)$, und dies sind die 6 Geraden durch D.

Beim Beweis haben wir wesentlich davon Gebrauch gemacht, daß F_3' die *allgemeine* Fläche 3. Ordnung mit einem Doppelpunkt D ist, daß also die 6 Geraden durch D alle verschieden sind, keine drei von ihnen in einer Ebene liegen und keine Ebene die Fläche in allen Punkten einer dieser Geraden berührt. Nun kann aber jede Fläche mit mehreren oder verwickelteren Singularitäten als Spezialisierung dieser allgemeinen F_3' aufgefaßt werden, und dabei kann sich an der Gültigkeit von Hilfssatz 4 nichts ändern. Wir fassen die Hilfssätze 2—4 zusammen in dem

Satz 1. *Fallen bei einer Spezialisierung zwei Geraden zusammen, so bekommt die Fläche mindestens einen Doppelpunkt.*

Die 6 Geraden durch einen Doppelpunkt sind jeweils aus einem Paar zugeordneter Geraden einer bestimmten Doppelsechs durch Spezialisierung hervorgegangen.

Bemerkung. Wir kommen beim Beweis von Hilfssatz 4 bei der Spezialisierung mit der Beachtung der Schnittrelationen zwischen den 27 Geraden aus. Bei der unmittelbaren Spezialisierung der allgemeinen F_3 auf Flächen mit verwickelteren Singularitäten genügt das nicht, sondern wir müssen beachten, daß diese 27 Geraden eben auf einer F_3 liegen, und wir mußten diese beim Beweis von Satz 1 mitspezialisieren. So können wir die 27 Geraden in voller Beachtung ihrer Schnittrelationen in folgender Weise zu den 3 je 9fach zählenden Geraden einer Fläche mit 3 biplanaren Doppelpunkten spezialisieren. Es sei $a_1' = a_4' = b_1' = b_4' = c_{14}' = c_{23}' = c_{26}' = c_{35}' = c_{56}'$ und die beiden anderen Systeme, die daraus durch zyklische Vertauschung entstehen. Aber diese Spezialisierung der Geraden läßt sich nicht zu einer Spezialisierung der Fläche fortsetzen, weil die Geraden jeder Doppelsechs auf die 3 Geraden verteilt sind und nicht durch einen Punkt gehen.

§ 3. Flächen mit einer einzigen Singularität

Durch die oberen Indizes werden die Hauptrepräsentanten bezeichnet, durch verschiedene obere Indizes die verschiedenen Faktorgruppen unterschieden. Ein bestimmter oberer Index deute in diesem Paragraphen immer auf dieselbe Faktorgruppe.

1. C_2. Für den Homomorphismus der Homologiegruppe folgt aus $a_1 \to b_1$, daß in (4) und (5) $r_1 \to 0$ und $a_i \to b_i$. Der ebene Schnitt ist $e \sim a_1 + b_2 + c_{12} \sim r_1 + d$. Es ist $(e, r_1) = 0$; für die Hauptrepräsentanten a_i^1 und d^1 gilt dann:

$d^1 \sim e^1$; $(a_i^1, d^1) = 1$, $(d^1, d^1) = 3$. Diese Schnittzahlen gelten dann auch für alle Spezialisierungen auf verwickeltere Singularitäten, weil sie trivialerweise für e gelten.

2. B_3. Ist der Doppelpunkt biplanar, so verteilen sich die Geraden a_i auf die beiden Ebenen, etwa a_u $(u = 1, 3, 5)$ auf die eine, a_g $(g = 2, 4, 6)$

auf die andere; der Kern des Homomorphismus wird erzeugt durch die Relation $r_2 \sim -a_1^1 - a_3^1 - a_5^1 + d^1$. Es ist $r_2' \sim -a_2^1 - a_4^1 - a_6^1 + d^1 \sim -r_2$. Man sieht dies, wenn man $a_i^1 = a_i + \frac{1}{2} r_1$ und $d^1 = d + r_1$ einsetzt.

a_5^2 ist die Gerade, die mit a_1^2 und a_3^2 in einer Ebene liegt, also c_{13}^2.

3. B_4. Hier fallen in einem biplanaren Doppelpunkt zwei Geraden aus verschiedenen Ebenen, etwa a_1^2 und a_2^2 in der Schnittgeraden der beiden Ebenen zusammen. B_5 und B_6 erhalten wir, wenn dann auch noch a_3^2 bzw. a_3^2 und a_5^2 mit a_1^2 und a_2^2 zusammenfällt. Dann berührt die Ebene $(a_1^2 \cup a_3^2 \cup a_5^2)$ die Fläche. a_4^2 oder a_6^2 können mit den genannten Geraden nicht auch noch zusammenfallen, ohne daß die ganze Gerade singulär und die Fläche eine Regelfläche wird.

4. Fallen beide Ebenen zusammen, so erhalten wir einen uniplanaren Doppelpunkt U_6. Wir gehen von B_4 aus und setzen die Relation $r_6 \sim a_3^3 - a_4^3$ an. Daraus erhalten wir U_7, wenn wir $r_7 \sim a_1^6 - a_3^6$ ansetzen. U_8 erhalten wir unmittelbar aus dem allgemeinen Fall, wenn wir alle 27 Geraden zu einer einzigen Geraden a_1^8 spezialisieren. Da die Tangentialebene in a_1^8 die Fläche 3fach berührt, ist $3a_1^8 \sim d^1$, also $(a_1^8, a_1^8) = \frac{1}{3}$.

In der Tabelle auf Seite 12/13 geben die Spalten folgendes an:

1. Den Typus der Singularität.
2. Den Typus, von dem wir den vorliegenden Typus durch Spezialisierung herleiten wollen.
3. Die Relation, d. h. die Erzeugende des Kerns des Homomorphismus der Homologiegruppe.
4. Die BETTIsche Zahl der Homologiegruppe.
5. Die Schnittzahl der Relation mit sich selbst. Daß sie in keinem Fall 0 ist, ermöglicht erst die Bestimmung der Hauptrepräsentanten.
6. Zusammenfallende Geraden. Sie werden jeweils in einer eckigen Klammer zusammengefaßt. Geraden, die für sich bleiben, werden nicht aufgeführt.
7. Die Anzahl der dabei zusammenfallenden Geraden.
8. Die Anzahl der verschiedenen Geraden des gleichen Typs.
9. Die Schnittzahlen der Relation mit den Erzeugenden der Ausgangsgruppe.
10. Die Hauptrepräsentanten.
11. Die Schnittzahlen dieser Hauptrepräsentanten. Die Indizes u und g durchlaufen in der Zeile B_3 die Zahlen 1, 3, 5 und 2, 4, 6, von Zeile B_4 an die Zahlen 3, 5 und 4,6.

§ 4. Flächen mit mehreren Singularitäten

a) Es seien P und Q zwei verschiedene Doppelpunkte der Fläche. Jedem der beiden Punkte entspricht nach Satz 1 eine Doppelsechs von Geraden der allgemeinen Fläche, P etwa die Doppelsechs

$$\begin{pmatrix} a_1, \ldots, a_6 \\ b_1, \ldots, b_6 \end{pmatrix}.$$

Die Verbindungslinie PQ liegt ganz auf der Fläche, sie sei etwa $a_1 = b_1$. Wir behaupten, daß in ihr mindestens zwei der Geraden a_i zusammengefallen sind. Damit ist äquivalent, daß alle ihre Punkte dieselbe Tangentialebene haben. Fallen nämlich etwa $a_1 = b_1$ und $a_2 = b_2$ zusammen, so lagen a_1 und b_2 schon vor der Spezialisierung in derselben Ebene, und die Aussage über die Tangentialebene folgt aus Hilfssatz 1. Berührt andererseits eine Ebene die Fläche längs der ganzen Geraden, so tut dies auch der Tangentialkegel in P, und von seinen 6 Schnittgeraden a_i mit der Fläche fallen in a_1 mindestens zwei zusammen.

Angenommen, $a_1 = b_1$ würde mit keiner anderen Geraden $a_i (i \neq 1)$ zusammenfallen, dann würden alle Geraden, die $a_1 = b_1$ treffen, durch P oder Q gehen, und auf jeder Ebene durch $a_1 = b_1$, die die Fläche in 3 Graden schneidet, gäbe es eine Gerade durch P und eine Gerade durch Q, die beide von $a_1 = b_1$ verschieden sind. Das hieße, daß $a_1 = b_1, c_{12}, \ldots, c_{16}$ durch Q gehen, aber keine weiteren Geraden. Aus diesen Geraden läßt sich aber kein Sextupel einer Doppelsechs zusammenstellen, und wir haben den Widerspruch.

Wenn wir also alle Möglichkeiten des Zusammenfallens von Basisgeraden durchdenken, haben wir damit alle Kombinationen von mehreren Doppelpunkten einer Fläche erfaßt.

b) Eine Fläche habe in P einen Doppelpunkt. Die Hauptrepräsentanten seien $a^\varkappa$. Zwei Basisgeraden $a_1^\varkappa$ und $a_2^\varkappa$ mögen ähnlich heißen, wenn sie mit allen anderen Basisgeraden $a_i^\varkappa$ dieselben Schnittzahlen haben. Fallen zwei ähnliche Geraden $a_1^\varkappa$ und $a_2^\varkappa$ bei einer Spezialisierung zusammen, so haben alle ihre Punkte nach Hilfssatz 1 dieselbe Tangentialebene. Es entsteht ein neuer Doppelpunkt Q. Denn dann fallen die windschiefen Geraden c_{1i} und c_{2i} $(i = 3, 4, 5, 6)$, also entsprechende Geraden der Doppelsechs

$$\begin{pmatrix} a_1 b_1 c_{23} c_{24} c_{25} c_{26} \\ a_2 b_2 c_{13} c_{14} c_{15} c_{16} \end{pmatrix}$$

zusammen und gehen nach Satz 1 durch einen Doppelpunkt. Im allgemeinen ist $Q \neq P$. Wird $Q = P$, so ändert sich der Typus des Doppelpunktes P.

Fallen 3 Geraden $a_1^\varkappa$, $a_2^\varkappa$ und $a_3^\varkappa$ zusammen, so betrachten wir die 3 (verschiedenen oder teilweise oder ganz zusammenfallenden) Geraden $c_{1i} = c_{2i}$

1	2	3	4	5	6	7	8
C_2	R	$r_1 \sim -\sum_{j=1}^{6} a_j + 2d$	6	-2	$[a_i, b_i]\ i = 1, \ldots, 6$	2	6
B_3	C_2	$r_2 \sim -a_1^1 - a_3^1 - a_5^1 + d^1$	5	$-\frac{3}{2}$	$[a_1, b_1, c_{35}]$	3	6
B_4	B_3	$r_3 \sim a_1^2 - a_2^2$	4	$-\frac{4}{3}$	$[a_1, b_1, a_2, b_2, c_{35}, c_{46}]$	6	1
					$[a_3, b_3, c_{15}, c_{25}]$	4	4
B_5	B_4	$r_4 \sim a_1^3 - a_3^3$	3	$-\frac{5}{4}$	$[a_i, b_i, c_{i5}\ (i = 1, 2, 3), c_{46}]$	10	1
					$[a_5, b_5, c_{ik}(i, k = 1, 2, 3)]$	5	1
					$[a_4, b_4, c_{i6}\ (i = 1, 2, 3)]$	5	2
B_6	B_5	$r_5 \sim a_1^4 - a_5^4$	2	$-\frac{6}{5}$	$[a_i, b_i, c_{ik}(i, k = 1, 2, 3, 5), c_{46}]$	15	1
					$[a_4, b_4, c_{i6}\ (i = 1, 2, 3, 5)]$	6	2
U_6	B_4	$r_6 \sim a_3^3 - a_4^3$	3	-1	$[a_1, b_1, a_2, b_2, c_{ik}(i = 3, 4; k = 5, 6)]$	8	3
U_7	U_6	$r_7 \sim a_1^6 - a_3^6$	2	-1	$[a_i, b_i, c_{ik}(i = 1, \ldots, 4;\ k = 5, 6)]$	16	1
					$[a_5, b_5, a_6, b_6, c_{ik}(i, k = 1, \ldots, 4)]$	10	1

9	10	11
$(a_i, r_1) = 1$	$a_i^1 = a_i + \frac{r_1}{2} = \frac{a_i + b_i}{2}$	$(a_i^1, a_i^1) = -\frac{1}{2}$; $(a_i^1, a_k^1) = \frac{1}{2}$ $i \neq k$
$(a_n^1, r_2) = \frac{1}{2}$ $(a_g, r_2) = -\frac{1}{2}$	$a_u^2 = a_u^1 + \frac{r_2}{3}$; $a_g^2 = a_g^1 - \frac{r_2}{3}$	$(a_i^2, a_i^2) = -\frac{1}{3}$ $(a_{u_1}^2, a_{u_2}^2) = (a_{g_1}^2, a_{g_2}^2) = \frac{2}{3}$ $(a_u^2, a_g^2) = \frac{1}{3}$
$(a_1^2, r_3) = -\frac{2}{3}$ $(a_u^2, r_3) = +\frac{1}{3}$ $(a_g, r_3) = -\frac{1}{3}$	$a_1^3 = a_1^2 - \frac{r_3}{2}$ $a_u^3 = a_u^2 + \frac{r_3}{4}$ $(u = 3,5)$ $a_g^3 = a_g^2 - \frac{r_3}{4}$ $(g = 4,6)$	$(a_1^3, a_1^3) = 0$ $(a_1^3, a_i^3) = \frac{1}{2}$; $(a_i^3, a_i^3) = -\frac{1}{4}$ $(a_3^3, a_5^3) = (a_4^3, a_6^3) = \frac{3}{4}$ $(a_u^3, a_g^3) = \frac{1}{4}$
$(a_1^3, r_4) = -\frac{1}{2}$ $(a_5^3, r_4) = -\frac{1}{4}$ $(a_g^3, r_4) = +\frac{1}{4}$	$a_1^4 = a_1^3 - \frac{2}{5} r_4$ $a_5^4 = a_5^3 - \frac{1}{5} r_4$ $a_g^4 = a_g^3 + \frac{1}{5} r_4$	$(a_1^4, a_1^4) = \frac{1}{5}$; $(a_1^4, a_5^4) = \frac{3}{5}$; $(a_1^4, a_g^4) = \frac{2}{5}$ $(a_i^4, a_i^4) = -\frac{1}{5}$; $(a_5^4, a_g^4) = \frac{1}{5}$; $(a_4^4, a_6^4) = \frac{4}{5}$ $(i = 4, 5, 6)$
$(a_1^4, r_5) = -\frac{2}{5}$ $(a_g^4, r_5) = \frac{1}{5}$	$a_1^5 = a_1^4 - \frac{1}{3} r_5$ $a_g^5 = a_g^4 + \frac{1}{6} r_5$	$(a_1^5, a_1^5) = \frac{1}{3}$; $(a_1^5, a_g^5) = \frac{1}{3}$ $(a_g^5, a_g^5) = -\frac{1}{6}$; $(a_4^5, a_6^5) = \frac{5}{6}$
$(a_1^3, r_6) = 0$ $(a_3^3, r_6) = -\frac{1}{2}$ $(a_5^3, r_6) = +\frac{1}{2}$	$a_1^6 = a_1^3$ $a_3^6 = a_3^3 - \frac{1}{2} r_6$ $a_5^6 = a_5^3 + \frac{1}{2} r_6$	$(a_i^6, a_i^6) = 0$; $(a_i^6, a_k^6) = \frac{1}{2}$ $(i \neq k)$
$(a_1^6, r_7) = -\frac{1}{2}$ $(a_5^6, r_7) = 0$	$a_1^7 = a_1^6 - \frac{r_7}{2}$; $a_5^7 = a_5^6$	$(a_1^7, a_1^7) = \frac{1}{4}$; $(a_1^7, a_5^7) = \frac{1}{2}$; $(a_5^7, a_5^7) = 0$

$= c_{3i}$ $(i = 4, 5, 6)$. Sie liegen in einer Ebene E_i, weil etwa c_{14}, c_{25}, c_{36} in einer Ebene liegen. In der Ebene E_2, die die Fläche längs $a_1^\varkappa$ berührt, liegt noch $c_{12} = c_{13} = c_{23}$. Der neue Doppelpunkt ist also biplanar.

Nur bei konischen Doppelpunkten kann es 4 oder mehr ähnliche Geraden geben. Fallen 4 Geraden $a_1^\varkappa, a_2^\varkappa, a_3^\varkappa, a_4^\varkappa$ zusammen, so fallen die 6 Geraden $c_{ik}(i, k = 1, \ldots, 4)$ in eine Gerade zusammen. Sie liegt in der Ebene E_2, die die Fläche längs $a_1^\varkappa$ berührt, und liegt als Gerade c_{12} in der Ebene E_1 zusammen mit c_{35} und c_{46}. Die Schnittgerade der beiden Ebenen ist also eine Gerade der Fläche, und wir erhalten einen Doppelpunkt vom Typus B_4.

Fallen 5 Geraden $a_1^\varkappa, \ldots, a_5^\varkappa$ zusammen, so fällt auch die Gerade der Ebene E_2 in die Schnittgerade, und der Doppelpunkt wird vom Typus B_5. Fallen schließlich alle 6 Geraden $a_i^\varkappa$ zusammen, so fallen alle 15 Geraden $c_{ik}(i, k = 1, \ldots, 6)$ in der Ebene E_1 in die Schnittgerade, und der Doppelpunkt ist vom Typus B_6.

Fallen also $a_1^\varkappa, \ldots, a_p^\varkappa$ zusammen, so wird der Kern des Homomorphismus der Homologiegruppe durch die Relationen $s_i = a_1^\varkappa - a_i^\varkappa$ $(i = 2, \ldots, p)$ erzeugt. Nach Voraussetzung ist $(a_q^\varkappa, s_i) = 0$ $(q \neq 1, \ldots, p,\; i = 2, \ldots, p)$ die neuen Hauptrepräsentanten sind $\bar{a}_1^\varkappa = \dfrac{1}{p}(a_1^\varkappa + \ldots + a_p^\varkappa)$, $\bar{a}_q^\varkappa = a_q^\varkappa$. Die Schnittzahl wird $(\bar{a}_1^\varkappa, \bar{a}_1^\varkappa) = \dfrac{1}{p}\left(\sum_{i=1}^{p}(a_1^\varkappa, a_i^\varkappa)\right)$. Die Werte davon seien für die Verbindungslinien der verschiedenen Typen von Doppelpunkten in der folgenden Tabelle zusammengestellt. Die 3. Zeile enthält die Anzahl der darin zusammengefallenen Geraden der allgemeinen Fläche

$C_2 - C_2$	$C_2 - B_3$	$C_2 - B_4$	$C_2 - B_5$	$C_2 - B_6$	$B_3 - B_3$
0	$\frac{1}{6}$	$\frac{1}{4}$	$\frac{3}{10}$	$\frac{1}{3}$	$\frac{1}{3}$
4	6	8	10	12	9

Mit Hilfe der beiden Tabellen kann man sich nun leicht eine Übersicht über die Vielfachheiten und die Schnittzahlen der Geraden auch auf allen Flächentypen $2C_2$, $3C_2$, $4C_2$, $B_3 + C_2$, $B_3 + 2C_2$, $2B_3$, $2B_3 + C_2$, $3B_3$, $B_4 + C_2$, $B_4 + 2C_2$, $B_5 + C_2$, $B_6 + C_2$ verschaffen.

In allen Fällen ist die Homologiegruppe eine p-fach unendlich-zyklische Gruppe. Eine Ausnahme bildet der Typus $4C_2$; hier fallen von der Erzeugenden des Typus C_2 etwa a_1^1 mit a_4^1, a_2^1 mit a_5^1, a_3^1 mit a_6^1 zusammen. Aus der Relation r_1 wird dann $-2a_1 - 2a_2 - 2a_3 + 2d \sim 0$. Wir haben also 4 Erzeugende; die Gruppe ist 3fach unendlich zyklisch und hat einen Torsionsfaktor der Ordnung 2, weil zwar nicht d, wohl aber $2d$ in der durch a_1, a_2, a_3 erzeugten Gruppe vorkommt. Die Division durch 2 ist nicht erlaubt.

Es sei bemerkt, daß $2a_1 \sim 2(d - a_2 - a_3) = 2c_{23}$ ist. a_1 und c_{23} sind gegenüberliegende Kanten des von den 4 Doppelpunkten gebildeten Tetraeders.

LITERATUR

[1] HENDERSON, A.: The twents-seven lines upon the cubic surfaces. Cambridge Tracts of Math. **13** (1911) und die dort angegebene Literatur, insbesondere:

[2] SCHÄFLI, L.: On the distribution of surfaces of the third order imto species, in reference to the presence or absence of regular points, and the reality of their lines. Philos. Trans. Roy. Soc. London **153** (1863) 193 bis 241. Verz. Graf Nr. 61 (Wiederabdruck Ges. Math. Abhandl. Bd.II, Basel 1953, S. 304).

[3] v. d. WAERDEN, B. L.: Einführung in die algebraische Geometrie, § 35, Springer, Berlin 1939.

[4] v. d. WAERDEN, B. L.: Topologische Begründung der abzählenden Geometrie. Anhang 2, Math. Ann. **102** (1930) 337–362.

[5] BURAU, W.: Algebraische Kurven und Flächen, Bd. II. § 7–10, Göschen, Berlin 1962.

Eine Zusammenfassung dieser Arbeit gab ich in „Forschungen und Fortschritte“ **38** (1964) 293–295.

Fortsetzung von der 2. Umschlagseite

Heft 5 Prof. Dr. ROBERT SCHRÖDER, Frauenheilkunde in Forschung und Praxis
1952. 22 Seiten – 8° – MDN 1,35

Heft 6 Dr. ROLF REISSIG, Die pandiagonalen Quadrate vierter Ordnung
1952. 54 Seiten – 8° – MDN 5,–

Heft 7 Prof. Dr. MAX ROBITZSCH, Die Erforschung der Atmosphäre, ihre Methodik und ihre Probleme
1953. 30 Seiten – 12 Abbildungen – 4 Kunstdrucktafeln – 8° – MDN 2,50

Band 101

Heft 1 Prof. Dr. KURT SCHWABE, Periodische Erscheinungen bei der anodischen Auflösung des Zinks
1954. 33 Seiten – 14 Abbildungen – 8° – MDN 3,–

Heft 2 Dr. UDO PIRL, Positive Lösungen einer nichtlinearen Integralgleichung
1953. 44 Seiten – 2 Abbildungen – 8° – MDN 4,–

Heft 3 Dr. JOACHIM FOCKE, Asymptotische Entwicklungen mittels der Methode der stationären Phase
2. unveränderte Auflage 1957. 48 Seiten – 8° – MDN 4,80 (*vergriffen*)

Heft 4 Prof. Dr. HANS SALIÉ, Zur Verteilung natürlicher Zahlen auf elementfremde Klassen
1954. 26 Seiten – 8° – MDN 2,50

Heft 5 Prof. Dr.-Ing. ENNO HEIDEBROEK, Die Verantwortlichkeit des Ingenieurs
1954. 22 Seiten – 8° – MDN 1,– (*vergriffen*)

Heft 6 Prof. Dr. HANS SCHUBERT / Dr. ERICH SCHINCKE, Zur Ermittlung von Unterschallströmungen mit der Transformationsmethode bei quadratischer Approximation der Adiabate
1955. 32 Seiten – 6 Abbildungen – 2 Tabellen – 8° – MDN 2,30

Heft 7 Dr. HELMUT SCHAEFER, Neue Existenzsätze in der Theorie nichtlinearer Integralgleichungen
1955. 40 Seiten – 8° – MDN 2,40

Band 102

Heft 1 Dr. PAUL GÜNTHER, Über einige spezielle Probleme aus der Theorie der linearen partiellen Differentialgleichungen zweiter Ordnung 1957. 50 Seiten – 8° – MDN 4,60 (*vergriffen*)

Heft 2 Prof. Dr. HANS SCHUBERT / Dr. ERICH SCHINCKE, Zum Konturproblem der Hodographenmethode im Unterschall 1957. 25 Seiten – 8° – MDN 2,20

Heft 3 Prof. Dr. FRANZ RUNGE, Über die Polymerisation ungesättigter organischer Verbindungen
1957. 13 Seiten – 1 Tabelle – 8° – MDN 1,– (*vergriffen*)

Heft 4 Dr. VICTOR VÂLCOVICI, Une extension des liaisons non holonomes et des principes variationnels
1958. 39 Seiten – 8° – MDN 2,40

Heft 5 Dr. ROLF KLÖTZLER, Beiträge zur Theorie mehrdimensionaler Variationsprobleme mit geknickten Extremalen 1958. 72 Seiten – 8° – MDN 4,30

Heft 6 Prof. Dr. PAULA HERTWIG, Strahlenschäden und Strahlenschutz im zellulären Bereich
1957. 43 Seiten – 14 Abbildungen i. Text u. a. 4 Tafeln – 6 Tabellen – 8° – MDN 2,–

Heft 7 Prof. Dr. WILHELM TREIBS, Entwicklungslinien der organischen Chemie
1957. 25 Seiten – 8° – MDN 1,40

Band 103

Heft 1 Prof. Dr. GEORG SPACKELER, Über die Möglichkeit einer Lieferung von Magnesiumsulfat als Düngemittel seitens des Kalibergbaus der Deutschen Demokratischen Republik.
Prof. Dr. ANTON ARLAND, Magnesium im Landbau
1958. 38 Seiten – 1 Abbildung – 2 Landkarten – 8° – MDN 1,90

Heft 2 Prof. Dr. HEINRICH BREDT, Über den Tod. Eine naturwissenschaftliche Betrachtung
1958. 26 Seiten – 8° – MDN 1,10 (*vergriffen*)

Heft 3 Dr. HANS WUSSING, Über Einbettungen endlicher Gruppen 1958. 38 S. – 8° – MDN 2,50

Heft 4 Prof. Dr. ERNST NEEF, Über die Veränderlichkeit unserer geographischen Umwelt
1959. 19 Seiten – 8° – MDN 1,20

Heft 5 Prof. Dr. WOLFGANG LANGENBECK, Zur Biochemie der Spurenmetalle. Mit Diskussionsbeiträgen.
1959. 16 Seiten – 4 Tabellen – 8° – MDN 1,–

Heft 6 Prof. Dr. HANS SCHUBERT / Dr. ERICH SCHINCKE, Die Berechnung einer zirkulationslosen Unterschallströmung um den Kreiszylinder mit der Hodographenmethode
1959. 42 Seiten – 12 Abbildungen – 4 Tabellen – 8° – MDN 4,20

Heft 7 Prof. Dr. PAULA HERTWIG, Anpassung, Vererbung und Evolution
1959. 35 Seiten – 14 Abbildungen – 8° – MDN 3,20

Band 104

Heft 1 Prof. Dr. KARL SCHMALFUSS, Über das Ausmaß der biologischen Bindung des elementaren Stickstoffs. Der Einfluß assimilierbarer Stickstoffverbindungen
1960. 19 Seiten – 2 Abbildungen – 6 Tabellen – 8° – MDN 1,35

Heft 2 Prof. Dr. ANTON LISSNER, Charakteristische Eigenschaften der Braunkohlen
1960. 20 Seiten – 10 Abbildungen – 3 Tabellen – 8° – MDN 2,–

Heft 3 Prof. Dr. Fritz Stather, Zur Charakteristik pflanzlicher und synthetischer Gerbstoffe und deren kombinierte Verwendung bei der Gerbung 1960. 19 Seiten – 8° – MDN 1,10

Heft 4 Prof. Dr. Heinrich Prell, Bemerkungen zur Geschichte der englischen Längenmaß-Systeme 1962. 74 Seiten – 3 Tabellen – 8° – MDN 4,90

Heft 5 Prof. Dr. Ott-Heinrich Keller, Zur Berechnung des Galois'schen Körpers und der Galois'schen Gruppe einer Gleichung in erträglich vielen Schritten 1961. 23 Seiten – 8° – MDN 2,–

Heft 6 Dr. Rolf Klötzler, Die Konstruktion geodätischer Felder im Großen in der Variationsrechnung mehrfacher Integrale 1961. 84 Seiten – 1 Abbildung – 8° – MDN 7,–

Heft 7 Prof. Dr. Arthur Simon, Gitteraufbau und Katalyse bei der Gasentschwefelung 1961. 21 Seiten – 16 Abbildungen – 8° – MDN 2,10

Ab Band 105:

SITZUNGSBERICHTE DER SÄCHSISCHEN AKADEMIE DER WISSENSCHAFTEN ZU LEIPZIG

Band 105

Heft 1 Prof. Dr.-Ing. Fritz Obenaus, An der Grenze zwischen Hochspannungstechnik und Physik 1961. 19 Seiten – 14 Abbildungen – 8° – MDN 2,40

Heft 2 Prof. Dr. Georg Merrem, Die klinisch-biologische Wertigkeit der Hirngeschwülste 1962. 23 Seiten – 7 Abbildungen – 2 Tabellen – 8° – MDN 1,90

Heft 3 Dr. Erich Schincke, Stetige schallnahe Potentialströmungen um eine Familie symmetrischer Profile mit abgerundeter Nase und ihre Grenzlinieneigenschaften 1963. 73 Seiten – 23 Abbildungen – 8° – MDN 8,90

Heft 4 Prof. Dr. Wilhelm Maier, Aus der analytischen Zahlentheorie 1963. 15 S. – 8° – MDN 2,–

Heft 5 Prof. Dr. Wolfgang Buchheim, Zur Theorie der geoelektrischen Erkundungsmethodik und Systematik der geoelektromagnetischen Effekte 1964. 40 S. – 2 Tabellen – 8° – MDN 4,30

Heft 6 Prof. Dr. Walter Brednow, Christoph Wilhelm Hufeland, Arzt und Erzieher im Lichte der Aufklärung 2., unveränderte Auflage 1964. 25 Seiten – 8° – MDN 1,65

Heft 7 Dr. Harald Hilbig, Existenzsatz für begrenzte Potentialströmungen mit Totwasser um ein vorgegebenes Hindernis 1964. 52 Seiten – 8° – MDN 5,20

Band 106

Heft 1 Prof. Dr. Egbert Schwarz, Über experimentelle Untersuchungen und klinische Erfahrungen beim alloplastischen Ersatz von Blutgefäßen 1963. 22 S. – 11 Abbildungen – 8° – MDN 2,45

Heft 2 Prof. Dr. Manfred Gersch, Hormone als Regulatoren von Lebensvorgängen 1963. 24 Seiten – 12 Abbildungen – 8° – MDN 2,50

Heft 3 Prof. Dr. med. Rolf Emmrich, Zur Problematik der Leberzirrhose 1964. 16 Seiten – 5 Abbildungen – 1 Tabelle – 8° – MDN 1,85

Heft 4 Prof. Dr. med. Albrecht Peiper, Kindernöte in alten Zeiten 1964. 26 Seiten – 4 Abbildungen – 8° – MDN 2,40

Heft 5 Prof. Dr. Wolfgang Langenbeck, Über den Mechanismus von Enzymwirkungen 1965. 19 Seiten – 7 Abb., davon 4 vierfarbig – 8° – MDN 4,40

Heft 6 Prof. Dr. Walter Brednow, Tier und Mensch in Goethes naturwissenschaftlicher Sicht 1965. 44 Seiten – 12 Tafeln – 8° – MDN 4,90

Heft 7 Prof. Dr. Herbert Staude, Versuche zur Natur des latenten Bildes und ihre Deutung *In Vorbereitung*

Band 107

Heft 1 Prof. Dr. Ott-Heinrich Keller, Die Homologiegruppen der Flächen 3. Ordnung *Vorliegendes Heft*

Einzel- oder Fortsetzungsbestellungen durch eine Buchhandlung erbeten.

Vor 1945 erschienene Berichte antiquarisch durch den Akademie-Verlag, Berlin, zum Teil noch lieferbar

AKADEMIE-VERLAG · BERLIN

Kolibri 360 GmbH
Ferdinand-Jühlke-Straße 7
99095 Erfurt, Deutschland
produktsicherheit@kolibri360.de